幼兒大科學·1·

城市的運轉

王渝生◎主編
沙德培◎編繪

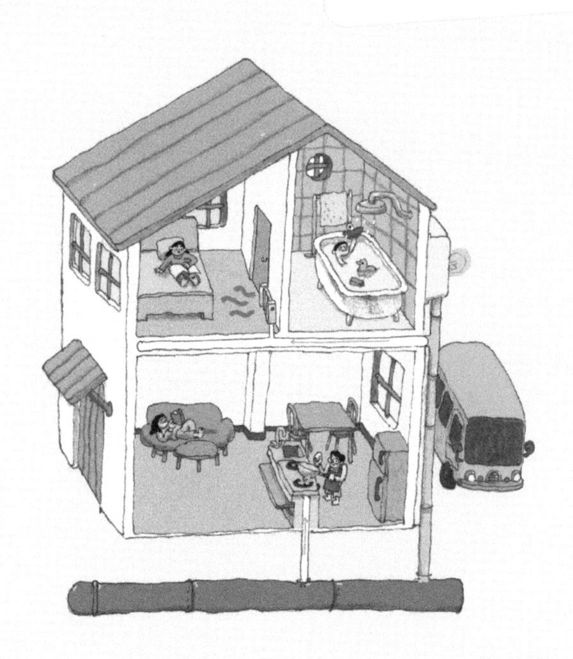

中華教育

幼兒大科學·1·

城市的運轉

王渝生◎主編
沙德培◎編繪

責任編輯：梁潔瑩
裝幀設計：龐雅美
排版：龐雅美
印務：劉漢舉

出版／中華教育

香港北角英皇道 499 號北角工業大廈 1 樓 B
電話：(852) 2137 2338　傳真：(852) 2713 8202
電子郵件：info@chunghwabook.com.hk
網址：http://www.chunghwabook.com.hk

發行／香港聯合書刊物流有限公司

香港新界荃灣德士古道 220–248 號 荃灣工業中心 16 樓
電話：(852) 2150 2100　傳真：(852) 2407 3062
電子郵件：info@suplogistics.com.hk

印刷／迦南印刷有限公司

香港新界葵涌大連排道 172–180 號金龍工業中心第三期十四樓 H 室

版次／ 2021 年 6 月第 1 版第 1 次印刷

規格／ 16 開（205mm x 170mm）

ISBN ／ 978-988-8758-82-1

目錄

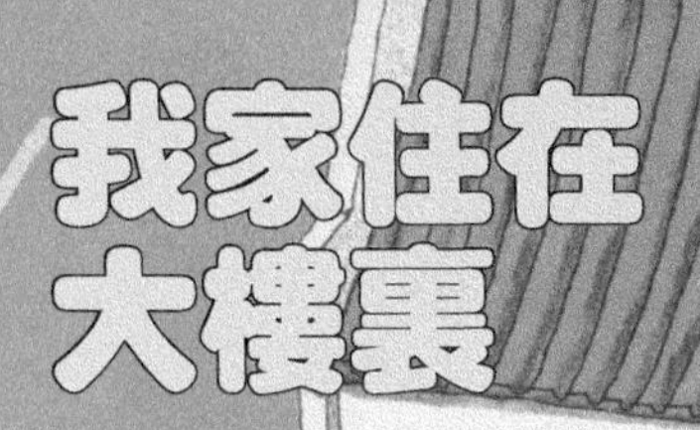

世界上第一棟摩天大樓

美國芝加哥的家庭保險大樓修建於1885年，有10層高，後加蓋到12層，是當時最高的樓房。

神奇的電梯

自從人類發明電梯後，上樓就省力多了。只要按一下樓層對應的按鈕，就能快速到達，是不是很神奇？

摩天大樓是怎樣拔地而起的？

蓋摩天大樓可不簡單！請設計師畫圖紙、做模型，選址、實地勘測，施工人員挖地基、運材料，一層層往上蓋，每個環節都很重要！

「蜘蛛人」的體重不能超過70公斤。

城市裏的「蜘蛛人」

瞧，懸在大樓外面的是誰？那是城市裏的「蜘蛛人」。他們靠繩子從樓頂緩緩下滑，像蜘蛛一樣將自己懸掛在大樓外，清洗玻璃和外牆，看上去危險極了！

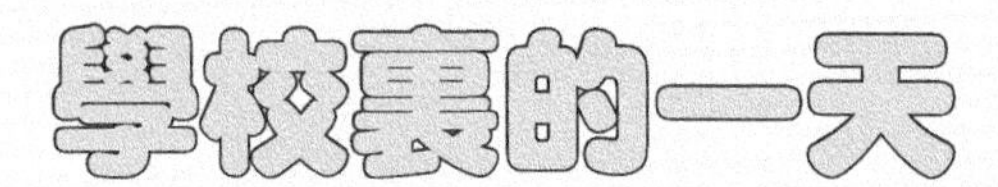

學校裏的一天

學校開設了很多有意思的課程，數學、中文、視覺藝術、體育，還有音樂。小息時，還能和同學相約去操場玩遊戲。你一定會愛上上學的！

課室

課室是我們學習的地方，老師在講台上給我們教授數學、中文、英文、視覺藝術、音樂等課程。一定要認真聽課，老師說不定會讓你回答問題呢！

世界上最早的學校

最早的學校是蘇美爾的「泥板書屋」，建於公元前3500年左右。考古學家發掘此地時發現了很多泥板，上面的內容像學生寫的作業，可沒有發現講台，當時的老師是怎麼講課的呢？

圖書館

你可以在學校的圖書館自由選擇自己喜歡讀的書。通過閱覽各類書籍，你能獲得豐富的知識。在這裏看書，一定要保持安靜，不要影響到同學喲！

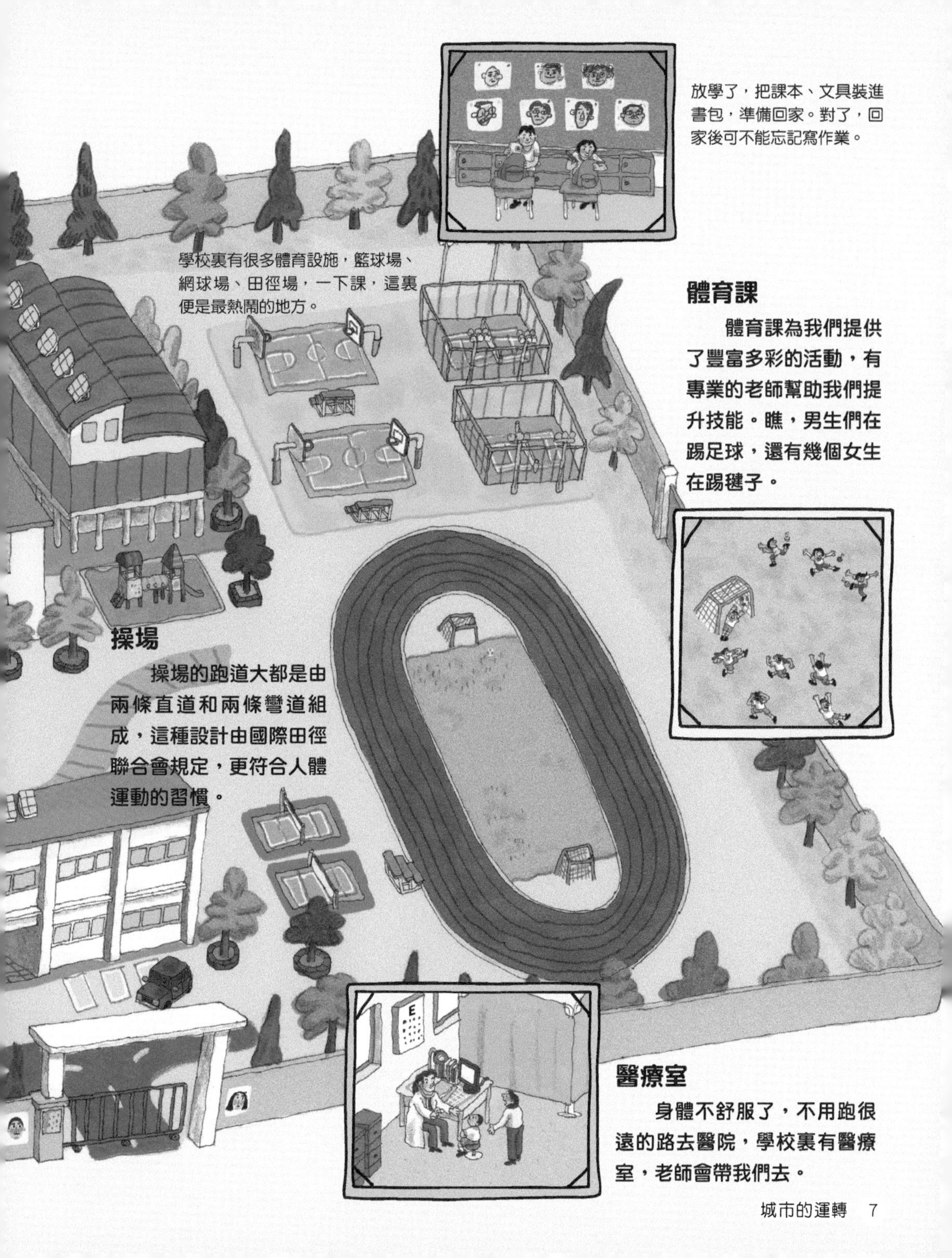

放學了，把課本、文具裝進書包，準備回家。對了，回家後可不能忘記寫作業。

學校裏有很多體育設施，籃球場、網球場、田徑場，一下課，這裏便是最熱鬧的地方。

體育課

體育課為我們提供了豐富多彩的活動，有專業的老師幫助我們提升技能。瞧，男生們在踢足球，還有幾個女生在踢毽子。

操場

操場的跑道大都是由兩條直道和兩條彎道組成，這種設計由國際田徑聯合會規定，更符合人體運動的習慣。

醫療室

身體不舒服了，不用跑很遠的路去醫院，學校裏有醫療室，老師會帶我們去。

超級市場大選購

在城市裏，不用擔心沒地方買東西，超級市場裏吃的、穿的、用的應有盡有，快來採購吧！

收銀台

商品上的條碼記錄了商品的名稱、價格等資訊。在收銀台，工作人員掃碼就能計算商品總價格，是不是很方便？

倉庫

超市都有自己的倉庫，貨架上商品不足時，可以及時補貨。倉庫的工作人員每天都會及時補充貨物。

商品貨架

在超市裏買東西很方便，商品都分類擺放在不同的貨架上，需要甚麼，就直接放入購物車，到收銀台結賬。

商品配送

超市都開在人口密集的居民區，貨物需求量很大，為了保證商品不斷貨，工作人員會提前訂貨，由大型送貨車運載到超市的倉庫。而一些生鮮食品，則需要由冷藏車運輸。

超市裏有專門負責整理購物車的人員，他們經常把購物車連成一條「長龍」推回到超市入口處。

食品區免費試吃的活動和打折促銷活動一樣吸引人。

我才不怕去醫院

生病了怎麼辦？別擔心，醫院有專業的醫生、護士，他們負責為我們治病，幫助我們恢復健康！

病房

有些病人需要住院治療，比如骨傷病患者、剛剛做完手術的患者等。在這裏，醫生和護士會及時檢查他們的恢復情況。

手術室

這裏是為病人進行手術的地方，需要保持無菌環境，外科醫生和護士必須穿戴手術服、口罩、手套等。

救護車

突發急病怎麼辦？快撥打急救電話，救護車會及時趕到，把患者快速送到醫院。急症患者會被送往急診室，優先接受治療。

婦產科每天都會有很多嬰兒出生，在這裏，嬰兒和媽媽都會得到專業的護理。

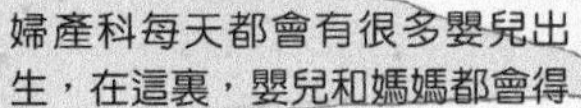

護士站

護士站有護士值班，如果病房裏的患者需要幫助，按牀頭的按鈕就可以呼叫護士。

救援直升機

如果有危重病人在救護車不能到達的地區，直升機就派上大用場了，它可以把患者快速安全地送往醫院。

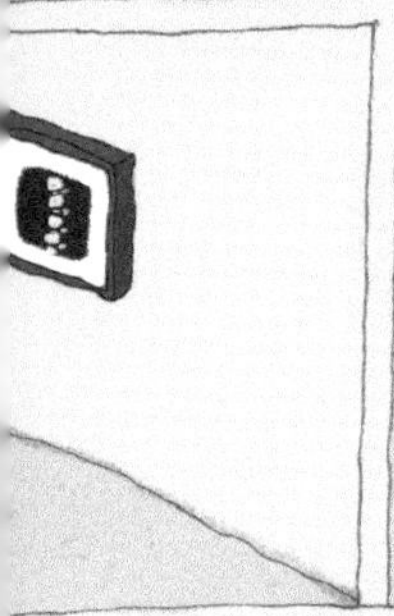

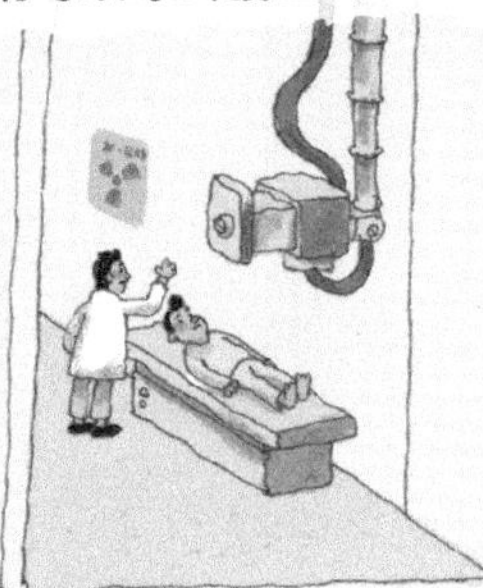

候診區

患者在接待處登記後，在候診區等待治療。

POLICE

警署裏的故事

遇到困難，我們可以向警察求助。你知道他們是怎樣工作的嗎？

簡報室

警察在簡報室分析案件，決定下一步如何行動。

會面室

警察在會面室審問嫌疑人。錄影設備會將會面情況記錄下來。

指揮及控制中心

中心每天都會接到很多報警電話，值班人員會把報警地點和情況記錄下來，分配任務給警察。

羈留室是臨時拘留嫌疑人的地方。

不一樣的警察

在一些國家，警察外出巡邏時經常開跑車，還有機器人來「幫忙」。

警察的「千里眼」

城市的大街小巷安裝着很多閉路電視，可協助警方執法。看，在「千里眼」的幫助下，警察成功抓捕一名犯人。

報警電話 999 的由來

人們以前使用的是轉盤式撥號電話，撥1用的時間最短，撥0用的時間最長。9是第二難撥打的號碼，既方便易記，又能防止誤撥。於是，999便成了報警電話。

警車出動時，警燈亮起，警笛會響起尖銳的警報聲。

糟糕，鄰居家着火了！
鄰居家着火了！快撥打999，說明着火地點，消防員會火速趕來。
頭盔和消防衣能夠保護消防員不被灼傷，呼吸面罩可以防止消防員吸入有毒的濃煙。
消防車
消防車來了！消防員爬上雲梯，救援被困的人們。除了雲梯，消防車通常還會配備水槍、滅火器、水箱以及各種急救裝備。

消防栓

有了消防栓，消防員便可以就近連接水管，快速滅火。

消防局

這裏是消防員執勤的場所，也是維護城市安全的重要設施。警鈴一響，執勤的消防員便迅速順着杆子滑到車庫，穿上消防衣，上車出發，動作快極了。

警車和救護車也來了。警察負責指揮交通，防止人們影響消防員的滅火工作。急救人員負責及時救治傷患。

忙忙碌碌的機場

飛機像鳥兒一樣在空中飛翔，帶着我們去世界上的各個地方，走吧，去機場！

客運大樓

到達機場客運大樓後，要先辦理登機、行李托運手續，然後過安檢，進入候機大廳，準備登機。

行李輸送帶

下飛機後，行李輸送帶會幫你把行李運過來，取到行李後，一定要查看行李牌上的識別標籤，以防拿錯。如果行李遺失，可以向航空公司掛失。

塔台

航空管制員通過塔台裏的設備指揮、監控飛機起降。塔台頂樓通常四面都是窗戶，以便管制員觀察到機場的各個方向。

飛機的靈感來源

人類怎樣才能像小鳥一樣飛翔呢？萊特兄弟經過長時間的摸索，終於造出世界上第一架飛機。

機場驅鳥人

金屬打造的飛機居然會怕小鳥。飛機在起降時如果撞上飛行中的小鳥，輕則毀壞機身，重則造成安全事故，因此機場有專門負責驅趕小鳥的人員。

候機大廳

候機大廳為旅客提供了短暫休息的場所。在這裏候機時，要隨時關注航班起飛資訊，按時登機。

為保證乘客安全，地勤人員會有計劃地檢查飛機。

地上地下的交通工具

城市軌道交通

隨着城市交通越來越擁堵，人們發明了各種城市軌道交通系統，它比巴士更快速，可以同時容納更多的乘客，給我們的出行帶來了很多便利。

巴士

每個人都可以乘坐巴士出行，它行駛在城市的大街小巷，把乘客載到不同的站點。如果沒有座位，一定要站穩扶好，以免在遇到急剎車時摔倒受傷。

汽車

現在，越來越多家庭擁有私家車，越來越多的車輛不但會讓道路變得擁堵，還會帶來空氣污染。因此，很多國家都採取各種措施來改善交通、治理環境。

瞧，地鐵跑起來了！

地鐵是城市軌道交通的一種，它是靠電力運行的，兩頭都能開。地鐵比巴士快多了，而且沒有塞車現象，人們可以乘坐地鐵快速穿梭於城市中。

地鐵的問世竟來源於老鼠洞

19世紀中葉，英國倫敦的交通嚴重堵塞。一位叫查爾斯的人見牆角有隻老鼠跑進跑出，就聯想到火車是否能像老鼠那樣在城市的地下跑起來呢？1863年，查爾斯的願望終於實現：世界上第一條地鐵在倫敦誕生了！

包羅萬象的博物館

走進博物館，你會發現自己好像穿越了時空一樣，史前怪獸、遠古人類、青銅器、陶瓷、世界名畫及雕塑……從遠古時代到今天，我們能用最短的時間了解到那些曾經無比璀璨的文明。

藏品研究

工作人員通過研究藏品，能獲得有關人類文明的重要資訊。他們還要對館藏文物進行清潔和修復。

舉辦展覽

博物館除了展出本館藏品外，有時還會舉辦各種特展。特展中的展品有的來自私人收藏，有的是從其他博物館借來的。幸運的話，還能看到世界級的名畫或雕塑喲！

其他藏品去哪裏了？

未展出的藏品通常會被精心地存放在恆溫恆濕又避光的庫房中。

瘋狂動物園

城市裏少不了大大小小的動物園，這裏有老虎、獅子、大熊貓、北極熊……還有各種海洋魚類，好熱鬧啊！你還可以跟一些動物來次親密接觸，比如餵駱駝。

動物們的花樣「用餐」

飼養員會花不少心思來餵養動物。他們會給北極熊冷凍的鮮魚，在枯樹上放蜂巢讓棕熊爬上去吃，讓牠們吃得有趣又不至於喪失自行覓食的能力。

世界上最古老的動物園

在公元前1500年左右，古埃及的法老修建了一座動物園供自己玩樂，而這些動物很多都是法老派人從異國他鄉運來的。

動物保護教育

動物園裏不但有常見的動物，還為各種瀕危動物提供生活場所。在這裏，我們能夠學到有關各種動物的小知識，並懂得保護動物的重要性。

國家的禮物

國家之間經常會互贈各自特有的珍稀動物，用來表示友好。中國的大熊貓就多次被當作禮物送給其他國家。

動物園的英文單詞是zoo，源於古希臘語，是「有生命」的意思。

神奇的玻璃防護牆

玻璃防護牆可以將動物和遊客分隔開來，有的甚至能供遊客單面觀看，這可以使動物不被打擾，同時防止遊客亂投食物。

玩轉遊樂場

週末去哪裏玩？城市裏修建了大型遊樂場，大人孩子都能在這裏找到好玩刺激的娛樂設施，玩一整天都不過癮。

過山車最驚險刺激的位置不是最前排，而是車尾。

主題遊樂園的鼻祖

主題遊樂園源於一對荷蘭夫婦，他們為了紀念在戰爭中喪生的獨生子，捐建了一座濃縮了荷蘭120處風景名勝的「小人國」，並以愛子的名字來命名。

娛樂設施

喜歡冒險？過山車、跳樓機、摩天輪、海盜船、激流衝浪……遊樂場裏有很多好玩刺激的娛樂設施！

世界上最快樂的地方

迪士尼樂園被譽為「世界上最快樂的地方」，它由米奇老鼠動畫片的製片人華特·迪士尼創辦。

配套設施

主題遊樂園通常配有商店、餐廳等服務設施，人們在這裏可以盡情玩上一整天。

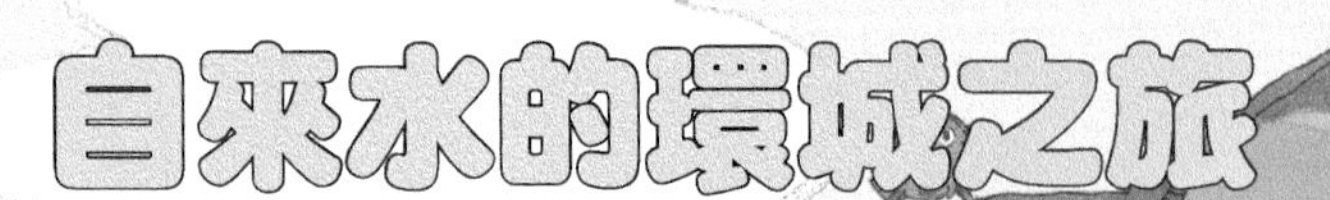

自來水的環城之旅

一擰開水龍頭，水就流了出來，可你知道這些水來自哪裏嗎？

淨化系統

人們用水泵抽水，輸送到濾水廠，然後用澄清技術除去水中較大的雜質。

水源

我們喝的自來水源自水塘（水庫）、江河，這些水都不能直接飲用，需要經過一系列淨化處理才能達到飲用水的標準。

水的用途

我們在生活中處處離不開水，很難想像沒有水該怎樣生活。但是，地球上只有很少的淡水可供人們利用，因此，我們要格外珍惜水！

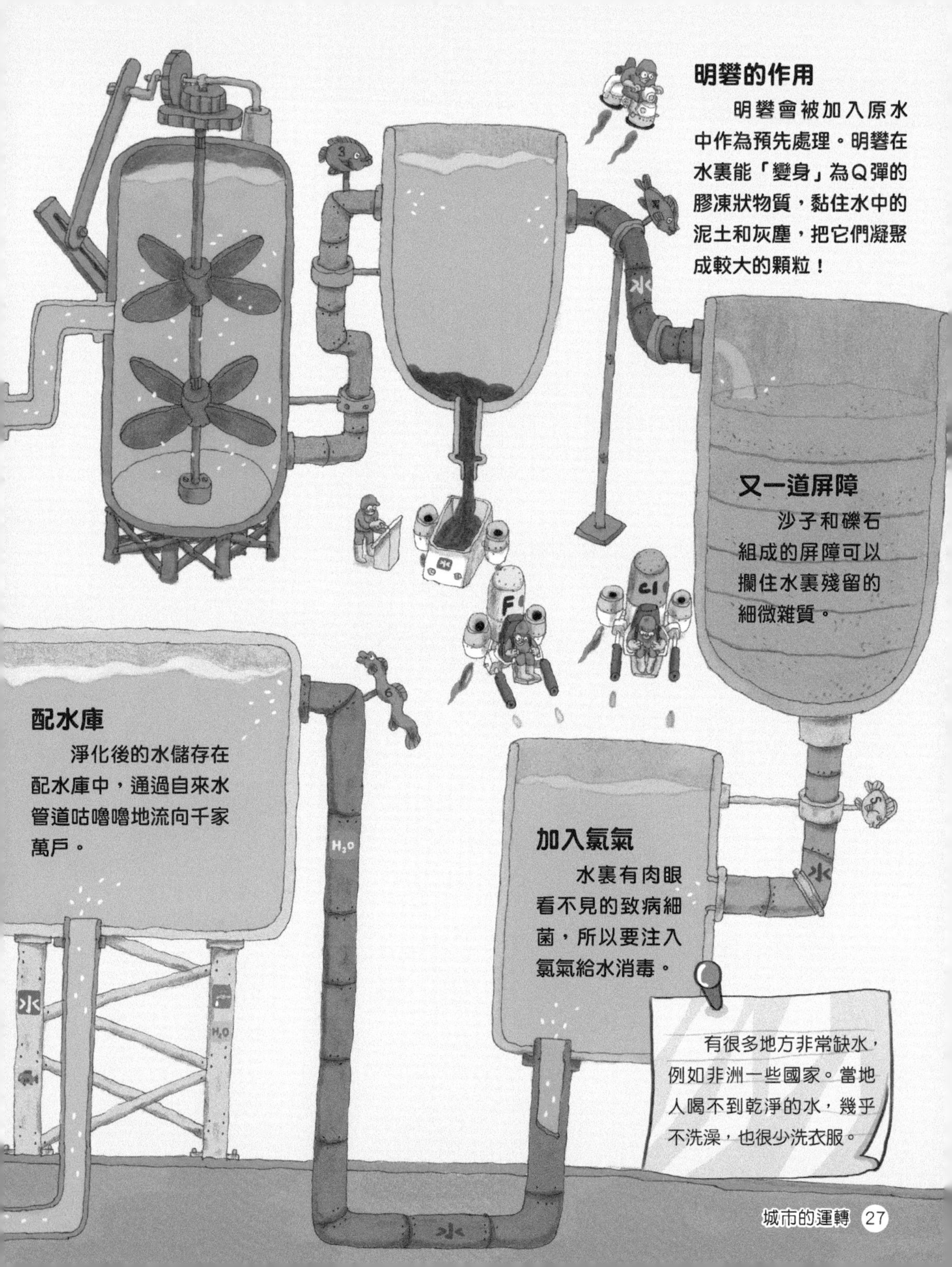

明礬的作用

明礬會被加入原水中作為預先處理。明礬在水裏能「變身」為Q彈的膠凍狀物質，黏住水中的泥土和灰塵，把它們凝聚成較大的顆粒！

又一道屏障

沙子和礫石組成的屏障可以攔住水裏殘留的細微雜質。

配水庫

淨化後的水儲存在配水庫中，通過自來水管道咕嚕嚕地流向千家萬戶。

加入氯氣

水裏有肉眼看不見的致病細菌，所以要注入氯氣給水消毒。

有很多地方非常缺水，例如非洲一些國家。當地人喝不到乾淨的水，幾乎不洗澡，也很少洗衣服。

電從哪裏來？

電燈為甚麼會亮？電是從哪裏來的，又是如何進入你家的呢？

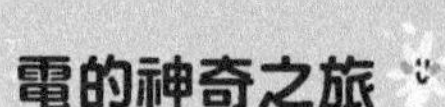

電的神奇之旅

電從製造到使用要經歷發電、變電、輸電、變電、用電五個環節。

升壓變電站

為了減少電流輸送時產生的損耗，降低運輸成本，需要增加電壓。高壓電很危險，為了安全，高壓電纜通常架設在高高的鐵塔上，並且遠離市區。

降壓變電站

香港電壓為220伏，為了保證用電安全，高壓電需經過降壓才能到達居民家裏。

發電站

在發電站，人們用煤和天然氣等燃料產生的熱能來發電。太陽能、風力和水力也可以用來發電。

電的速度

電一秒鐘能繞地球約7.5圈。可想而知，電從遙遠的發電廠到你家，也就是一瞬間的事！

會游泳的「發電站」

海洋中有一種會放電的魚──電鰩，牠可以釋放出高達200伏電壓的電！

污水流入下水道

洗澡、洗衣服、洗菜……我們每天都會製造大量污水。髒兮兮的污水流到哪裏去了？

原來，污水通過排水管流入龐大的下水道。浴室的地漏和洗手盤的水漏會阻止垃圾進入。

井蓋

城市的馬路上隨處都能見到井蓋，有些井蓋是通向下水道的。檢修人員只需從窨井鑽到地下，就能檢查污水管道是否有堵塞、破裂等問題。

法國文學巨匠雨果說：「下水道是一座城市的良心。」近代下水道的雛形源於法國巴黎，那裏擁有世界上最大的排水系統，巴黎還專門建立了一座下水道博物館。

世界上最早的下水道

早在2500年前，羅馬就擁有了排水系統。當時，伊特拉斯坎人用岩石搭砌管道，將雨水和污水排出城外。這條下水道至今仍在使用。

污水處理廠

城市裏的污水幾乎都排到下水道裏，最終到達污水處理廠。在那裏，污水中的廢物被分離出來，相對乾淨的水將排到河流或海洋中。

咦，垃圾都去哪裏了？

在城市裏，清理垃圾可是一項艱巨的任務。你知道我們倒掉的垃圾都去哪裏了嗎？

廢物轉運站

廢物壓縮系統會將廢物進行壓縮，縮小它們的體積，之後再裝進密封的廢物櫃裏，由貨櫃車運往堆填區傾倒。

堆填區

多層合成墊層系統覆蓋整個地面。墊層底部附近還鋪設連接主要管道的滲濾污水管，將固體廢物滲濾出來的液體引入收集缸，以免影響環境。

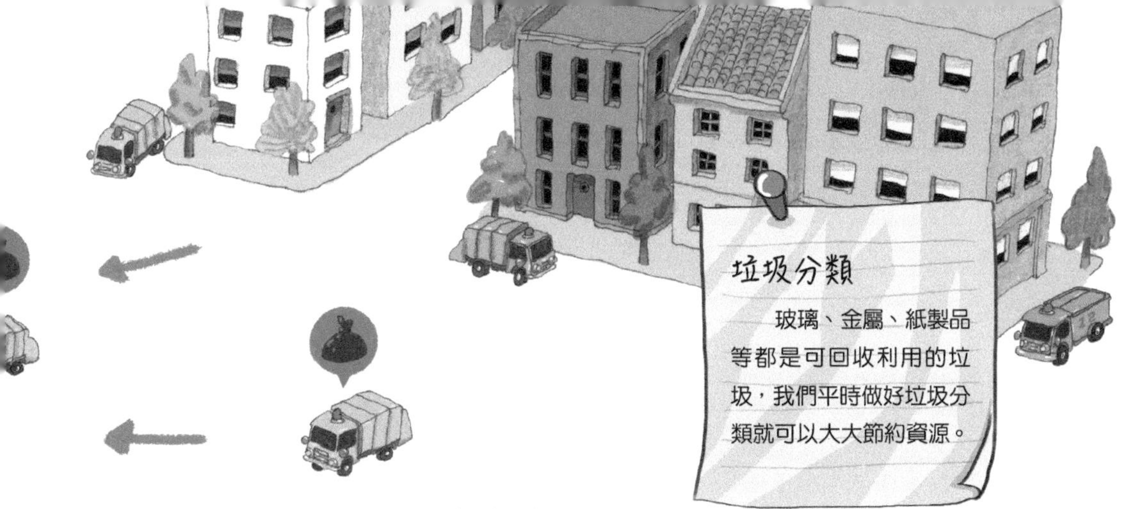

垃圾分類

玻璃、金屬、紙製品等都是可回收利用的垃圾，我們平時做好垃圾分類就可以大大節約資源。

當你還在睡夢中時，廢物收集車就已經穿梭於城市的各個角落，進行都市固體廢物的收集和轉運了，它們會將廢物運往廢物轉運站。

堆填區內裝有抽氣設施，可回收廢物降解過程中產生的堆填氣體。堆填氣體可透過發電機組為工地提供電力，亦會被用作發熱燃料，供處理滲濾污水之用。

看不見、摸不到的無線電波

我們看電視、打電話都是無線電波在起作用。無線電波雖然看不見、摸不着，但它無處不在，讓我們看看它是如何傳播的吧！

衛星

衛星執行着不同的任務：為電視提供信號，為飛機、汽車、輪船導航，讓我們能夠打電話給遠方的親友……

無線電波最早應用於航海事業，使得船上的人能與家中親人傳遞資訊。

雷達

雷達可以發射並接收無線電波，而且不受雨雪、大霧等惡劣天氣的影響。

衛星電視

借助於通信衛星，各類有趣的電視節目可以輸送到不同的地方，是其中一種電視廣播方式。